PETRA WOITHE

Unterrichtseinstiege
Mathematik

Cornelsen

Die Autorin:
Dr. Petra Woithe ist wissenschaftliche Mitarbeiterin im Bereich Lehrerausbildung der TU Dresden. Sie verfügt als Gymnasiallehrerin für Mathematik und Physik über langjährige Unterrichtserfahrung und war in der Ausbildung von Referendaren tätig.

Projektleitung: Dorothee Weylandt, Berlin
Redaktion: Jürgen Grimm, Braunschweig
Umschlaggestaltung: Jule Kienecker, Berlin
Layout und technische Umsetzung: Dagmar & Torsten Lemme, Berlin

www.cornelsen.de

2. Auflage 2017

Druck: Esser printSolutions GmbH, Bretten

ISBN 978-3-589-03942-5

PEFC/04-31-2851

PEFC zertifiziert
Dieses Produkt stammt aus nachhaltig bewirtschafteten Wäldern und kontrollierten Quellen.

www.pefc.de

Kommunizieren

Entspannen und Konzentrieren

Vorwort

Mit dem Einstieg in ein neues Unterrichtsthema ergeben sich vielfältige Chancen das Interesse unserer Schüler zu wecken. Anstelle alltäglicher Routinen wie das Abfragen von Hausaufgaben oder organisatorische Mitteilungen sollten die ersten Minuten des Unterrichts möglichst oft eine Situation schaffen, die alle Schüler aktiviert und positiv auf das Unterrichtsgeschehen einstimmt.
Dieses Buch wendet sich sowohl an erfahrene Fachlehrer, die nach Varianten und neuen Anregungen suchen, als auch an Berufseinsteiger, die sich ein Methodenrepertoire aufbauen wollen. Es werden Einstiegsbeispiele zu Methoden vorgestellt, die speziell für den Mathematikunterricht von besonderer Bedeutung sind.
Problemorientierte Einstiege sollen zum Schätzen, Experimentieren, Probieren und zur Ideenfindung anregen. Paradoxien, Rätsel oder Provokationen können kognitive Konflikte erzeugen, die im Stundenverlauf aufgelöst werden.
Einstiege zum **Üben, Wiederholen und Kontrollieren** sind eher darauf gerichtet, das Vorwissen bereitzustellen und so den Unterrichtserfolg möglichst vieler Schüler zu sichern. Durch spielerische Elemente kann auch bei formalen Übungen Abwechslung und Spaß entstehen. Gleichzeitig werden Möglichkeiten der Rückmeldung und Selbstkontrolle angeboten.
Ordnen und Strukturieren sind wichtige Tätigkeiten, die ein dauerhaftes Behalten fördern. Sie können rückblickend oder als Vorinformation eingesetzt werden und sichern den Zusammenhang zwischen den Stunden.
Ein wichtiges Mittel der Aktivierung ist die **Kommunikation** zwischen den Schülern. Dazu gehören das Präsentieren mathematischer Inhalte und das Argumentieren auf unterschiedlichen Ebenen der mathematischen Strenge. Beispiele verdeutlichen, wie es gelingen kann, möglichst alle Schüler in die mündliche und schriftliche Kommunikation einzubeziehen.
Ergänzend werden zwei Varianten vorgestellt, bei denen es stoffunabhängig um **Entspannung und Konzentration** am Stundenbeginn geht.
Keinesfalls soll der Eindruck entstehen, dass jede Unterrichtsstunde mit einem neuen „Knalleffekt“ beginnen kann. Feste Eröffnungsrituale sind ein wichtiges Element, um den Schülern Sicherheit und Verlässlichkeit zu vermitteln.

Die Beschreibung eines möglichen Ablaufs mit Tipps und Varianten soll Ihnen die Anpassung an Ihre klassenspezifischen Bedingungen und das gültige Curriculum erleichtern, da die Zuordnung zu einer bestimmten Klassenstufe hier nur annähernd erfolgen kann.

Viel Erfolg und Spaß!
Petra Woithe

PS: Aus Gründen der besseren Lesbarkeit wird in diesem Buch weitgehend die männliche grammatische Form verwendet. Natürlich sind damit auch immer Frauen und Mädchen gemeint, also Lehrerinnen und Schülerinnen.

Schätzen und Messen

Klasse	5–7
Thema	Arbeiten mit Größen
Vorbereitung	Messzylinder bereitstellen
Besonderer Nutzen	Größenvorstellungen entwickeln und Interesse wecken

Möglicher Ablauf

- Drehen Sie vor Beginn der Stunde, z. B. beim Wischen der Tafel, unauffällig den Wasserhahn auf, sodass er leicht tropft und nehmen Sie das störende Tropfen zum Ausgangspunkt für folgendes Problem:
  - Wie viel Wasser verschwenden wir, wenn dieser Wasserhahn einen ganzen Tag lang tropft?
  - Lassen Sie die Schüler zunächst schätzen und halten sie einige Schätzungen an der Tafel fest.
  - Sammeln Sie Vorschläge dafür, wie man in einer Unterrichtsstunde einen Näherungswert ermitteln könnte, z. B. die Wassermenge über 5 bis 10 Minuten mit einem Messzylinder messen und den Verbrauch auf 24 Stunden hochrechnen.
- Im weiteren Stundenverlauf können Sie die Frage stellen, wie viel Wasser wir eigentlich an einem Tag verbrauchen. Diese Größe nennt man den Wasserfußabdruck des Menschen.
  - In Deutschland verbrauchen wir durchschnittlich 125 l pro Tag und Person direkt (d. h. im Haushalt und für die Herstellung aller Produkte, die wir selbst konsumieren). Wie viele Wassereimer sind das?
  - Der Gesamtverbrauch (alle hergestellten Produkte und importierten Güter) liegt sehr viel höher. Er wird für Deutschland mit etwa 5 000 l pro Kopf und Tag angegeben. Wie viele Badewannenfüllungen (von ca. 150 l) sind das?
  - Wie groß ist der Jahresverbrauch in ganz Deutschland verglichen mit dem Inhalt des Bodensees ($485\,km^3$)?
  - Welche Probleme verursacht Wasserknappheit weltweit? Wie kann man persönlich einen Beitrag zum vernünftigen Umgang mit Wasser leisten?

Tipp	Über den Wasserverbrauch können Sie sich in folgenden Internetquellen informieren www.virtuelles-wasser.de, www.wasserfussabdruck.org . Neben vielen Fakten und grafischen Darstellungen finden Sie hier auch Anregungen für Projekte, einen Wasserfußabdruck-Rechner und einen Schülerwettbewerb.
Variante	Dieser Vorschlag kann auch mit dem Beispiel „Internetrecherche“ (S. 50) verbunden werden.

Spielregeln erfinden

Klasse	5–7
Thema	Terme, Gleichungen und Ungleichungen
Vorbereitung	6–10 Spielwürfel bereitstellen
Besonderer Nutzen	Spielerischer und intuitiver Zugang zu Termen, Zufallsvorgängen und Gewinnchancen

Möglicher Ablauf

- Teilen Sie die Klasse in Gruppen von 2 bis 4 Schülern ein und beginnen Sie die Stunde mit einem Würfelspiel.
- Lesen Sie den Text vor und halten Sie die Spielregeln an der Tafel fest.
- Nach einer Spieldauer von etwa 10 Minuten tauschen die Schüler ihre Erkenntnisse im Klassenverband aus.
- Für den weiteren Stundenverlauf sind folgende Aufgaben geeignet:
  - Untersucht in einer Tabelle, wie jede der Regeln funktioniert.
  - Überlegt euch eine eigene Regel, erprobt diese im Spiel und erfasst den Spielverlauf in einer geeigneten Tabelle. Stellt das Ergebnis der Klasse vor.

Tipp
- Für die selbst formulierten Spielregeln können auch Würfel mit mehr als 6 Flächen und anderer Beschriftung eingesetzt werden.

Material

Spielregeln

Mandy, Clara und Paul vertreiben sich die Langeweile eines Regentages mit Würfelspielen. Jeder hat sich eine Spielregel ausgedacht.
Die gewürfelte Augenzahl nennen wir x.

Mandy: Wenn $(x + 7)^2$ größer ist als 140, erhältst du einen Punkt.

Clara: Vervierfache die gewürfelte Zahl und addiere dann 13. Wenn das Ergebnis durch 2 teilbar ist, erhältst du einen Punkt.

Paul: Würfle zweimal hintereinander und bilde die Summe der Augenzahlen. Ist sie gleich 7, erhältst du einen Punkt. Sind die beiden Augenzahlen gleich, gibt es einen Zusatzpunkt.

- Probiere die Spielregeln aus.
- Welche Regel findest du am besten? Begründe.
- Welcher Vorschlag ist nicht als Spielregel geeignet?

Experimentieren

Klasse	8–10
Thema	Kreiskegel
Vorbereitung	Schüttgut (Sand, Zucker oder Füllmaterial für Windlichter), Unterlage und Lineal bereitstellen
Besonderer Nutzen	Ein praktisches Problem regt zu unterschiedlichen Tätigkeiten (Messen, Schätzen, Rechnen, Interpretieren) an. Dabei können fachübergreifende Bezüge hergestellt werden.

Möglicher Ablauf

- Schon die Ankündigung eines Experiments im Mathematikunterricht wird Ihnen die Aufmerksamkeit der Klasse sichern.
- Beziehen Sie Schüler in die praktische Durchführung ein.
- Schichten Sie das Schüttgut langsam zu einem Kegel auf. Man kann beobachten, dass der Kegel ab einer bestimmten Höhe immer wieder in der Breite nachrutscht. Der Kegel kann nicht beliebig steil aufgeschichtet werden.
- Um den maximalen Winkel zu bestimmen, messen Sie die Höhe und den Durchmesser mehrfach.
- Auf dieser Grundlage können Sie im weiteren Unterrichtsverlauf zu verschiedenen Rechenaufgaben überleiten

Tipp	Im Internet finden Sie unter dem Stichwort „Formel für die perfekte Sandburg" verschiedene Berichte zu dem untersuchten Problem.
Variante	Wenn Ihnen das Experiment zu aufwändig erscheint, könnten Sie auch mit einer Zeitungsmeldung über Küstenabbrüche, Sandskulpturenwettbewerbe oder tragische Unfälle beim Spielen von Kindern am Strand einsteigen.

Material

Beispielaufgabe

Auf einer Lagerfläche von 10 m Durchmesser soll Sand aufgeschüttet werden. Wie viel Sand kann man hier etwa lagern?

- Die Aufgabe kann durch Fragen nach dem Durchmesser, der Höhe, dem Volumen, der Masse, der Anzahl von LKW-Fuhren usw. variiert werden.

Schwarzer Sack 1

Klasse	5–8
Thema	Gesetz der Großen Zahlen
Vorbereitung	Einen undurchsichtigen Beutel mit 6 bis 8 Spielfiguren in drei verschiedenen Farben füllen
Besonderer Nutzen	Das Stabilisieren relativer Häufigkeiten spielerisch erleben

Möglicher Ablauf

- Die Schüler erhalten die Aufgabe, den Inhalt der Beutel herauszufinden ohne hineinzuschauen.
- Lassen Sie einen Schüler zunächst die Gesamtanzahl der Figuren ertasten.
- Anschließend ziehen die Schüler abwechselnd eine Figur, registrieren die Farbe in einer Strichliste und legen sie wieder zurück.
- Sobald ein Schüler glaubt, die Anzahl und Farbverteilung der Figuren erraten zu können, nennt er seine Vermutung.
- Ist die Vermutung richtig, wird der Beutel geöffnet und neu gefüllt. Andernfalls wird weiter gezogen.
- In unteren Klassen dient die Übung vor allen Dingen dazu, absolute und relative Häufigkeiten zu erfassen und zu interpretieren.
- Das Spiel kann auch zeigen, wie schnell sich relative Häufigkeiten stabilisieren (Empirisches Gesetz der Großen Zahlen).

Tipp	Mit der Vorbereitung und Durchführung kann ohne weiteres ein Schüler beauftragt werden, der natürlich zur Verschwiegenheit verpflichtet wird. Die Neugier der Mitschüler wird dadurch bestimmt erhöht.
Variante	Steht genügend Material zur Verfügung, kann das Spiel einmal vor der Klasse und anschließend in Gruppen durchgeführt werden.

Material

Die Auswertung kann in einer Tabelle erfolgen.

Farbe	Strichliste	Absolute Häufigkeit	Relative Häufigkeit	Vermutete Anzahl

Origami

Klasse	ab 7
Thema	Platonische Körper
Vorbereitung	Faltanleitung auf Folie kopieren, farbiges Papier im A5- oder A6-Format bereitstellen
Besonderer Nutzen	Schulung des Vorstellungsvermögens und der motorischen Fähigkeiten beim Bauen von Modellen, Freude am ästhetischen Gestalten

Möglicher Ablauf

- Geben Sie den Schülern die Faltanleitung vor.
- Jeder Schüler faltet ein regelmäßiges Fünfeck.
- Jeweils zwölf Schüler können die Teile zusammenstecken. Das Gemeinschaftswerk ist ein Dodekaeder.
- Damit können Sie auf das Thema „Platonische Körper" einstimmen.
- Lassen Sie die Schüler im weiteren Stundenverlauf Eigenschaften des Körpers zusammentragen oder weitere Modelle bauen.
- Im nächsten Schritt können die Schüler den EULER'schen Polyedersatz anschaulich begründen. Anhand der Winkel, die in einer Ecke zusammenstoßen, beantworten sie die Frage, weshalb es nur 5 reguläre Polyeder gibt.
- Wissenswertes aus Geschichte, Kunst, Astronomie oder Kristallographie rundet das Thema ab.

Tipp	Verschiedene Faltanleitungen für platonische Körper findet man im Internat, z. B. unter: www.mathegami.de und www.mathematische-basteleien.de.
Variante	Der Einstieg kann auch für andere Unterrichtsthemen genutzt werden wie z. B. regelmäßige Vielecke, das Pentagramm oder der goldene Schnitt.

Material

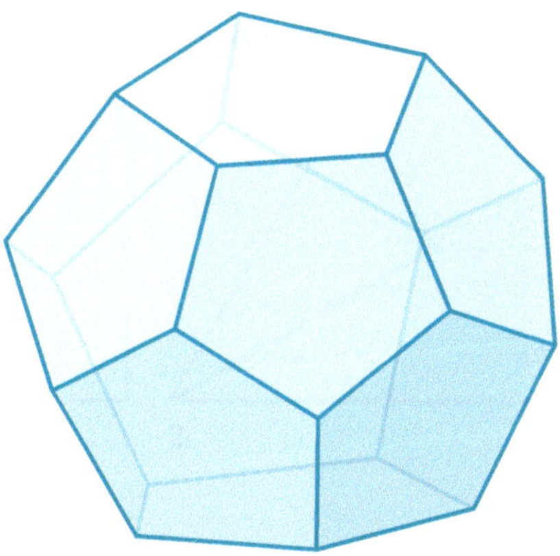

Material

Faltanleitung

1. Das Blatt längs und quer zur Hälfte falten und wieder öffnen. Die linke untere und rechte obere Ecke zur Mitte falten, die rechte untere und linke obere Ecke ebenso darüber.

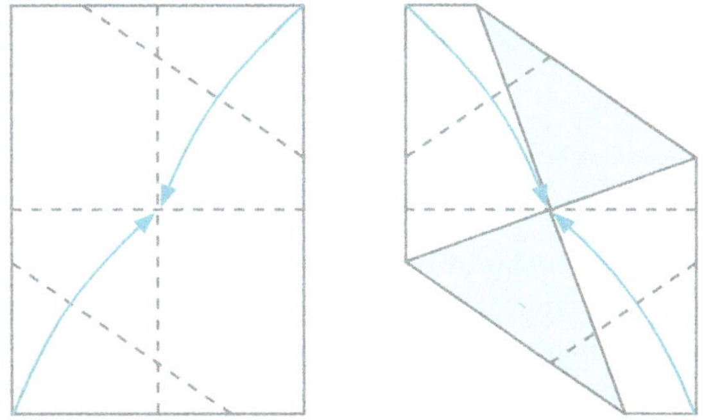

2. Das Modul entlang der Mittellinie zusammenklappen und dabei eine Lasche unter die andere stecken.

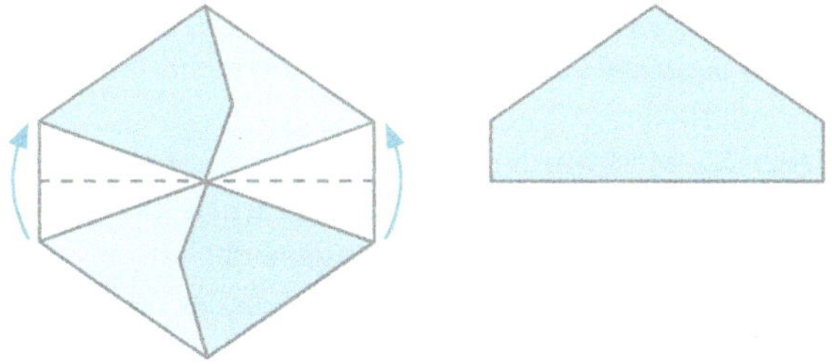

3. Das Modul zum Fünfeck falten, dabei den Punkt *P* an der Symmetrieachse und die Gerade *g* parallel zur Unterkante ausrichten. Nun die Module zusammenstecken.

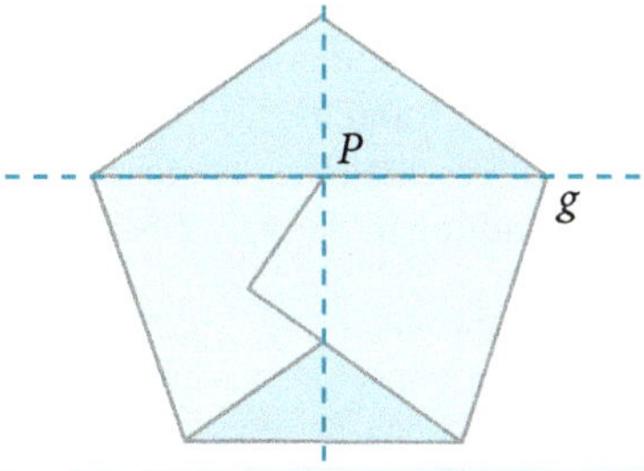

4. Nun die 12 Module zusammenfügen. Dazu immer die seitliche Lasche eines Moduls in die Tasche eines anderen Moduls stecken.

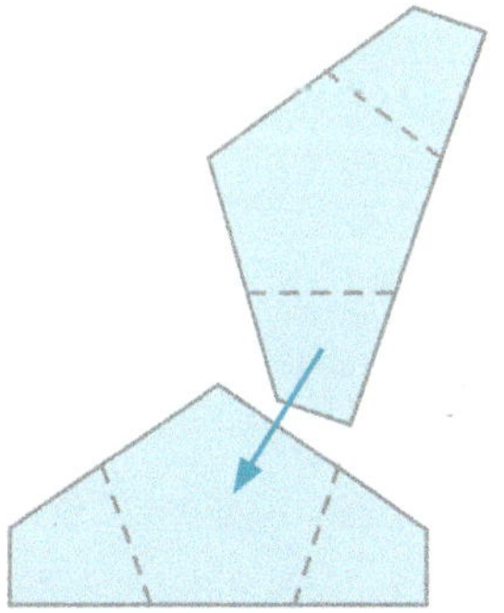

Unmögliche Körper

Klasse	ab 7
Thema	Körperdarstellungen
Vorbereitung	Bildmaterial, Anleitung auf Folie, farbige Folienstifte bereitlegen
Besonderer Nutzen	Schulung des räumlichen Vorstellungsvermögens, Neugier auf geometrische Darstellungen in der Kunst wecken, fachübergreifend arbeiten

Möglicher Ablauf

- Zeigen Sie zum Einstieg Bilder mit unmöglichen Körpern, wie sie z.B. der Künstler M. C. Escher entworfen hat. Besonders eignet sich das Bild „Belvedere". Darstellungen mit perspektivischen Täuschungen findet man bei Escher auch unter den Titeln „Wasserfall", „Relativität" oder „Treppauf, treppab". Alternativ können die Schüler diese auch im Internet selbst recherchieren.
- Geben Sie zunächst Zeit für die Bildbetrachtung und fordern Sie die Schüler auf, nach Besonderheiten zu suchen.
- Heben Sie Merkwürdigkeiten im Bild farbig hervor.
- Fragen Sie die Schüler, welchen Eindruck das Bild vermittelt, wo und weshalb der Künstler „Fehler" beim Zeichnen gemacht hat.
- Mit Hilfe der Anleitung können die Schüler nun einen unmöglichen Würfel zeichnen, der auch als „Escherwürfel" bekannt ist.
- Im weiteren Stundenverlauf können die Schüler das Zeichnen von Schrägbildern üben. Der Einstieg dient zur Auflockerung und vermittelt nähere Einsicht in die Bedeutung der Sichtbarkeit von Kanten.
- Sie können auch verschiedene perspektivische Darstellungen vergleichen und ihre Wirkung und Anwendung in der Kunst besprechen.

Tipp

- Da für die Zeichnung etwas Vorstellungsvermögen nötig ist, sollten Sie an der Tafel mitarbeiten.
- Wenn man im Bild „Belvedere" in halber Höhe einen Schnitt durchführt, erhält man zwei widerspruchsfreie Hälften.

Material

Anleitung für den Bau eines „Unmöglichen Körpers“

1. Zeichne zweimal mit dünnem Strich das Schrägbild eines Würfels ohne Beachtung der Sichtbarkeit.
2. Verstärke die Kanten so, dass der Betrachter einmal von oben rechts und einmal von unten links schaut.
3. Zerschneide beide Bilder in halber Höhe und vertausche die unteren Hälften. Die Perspektiven vermischen sich, der „Escherwürfel“ ist fertig.

Material

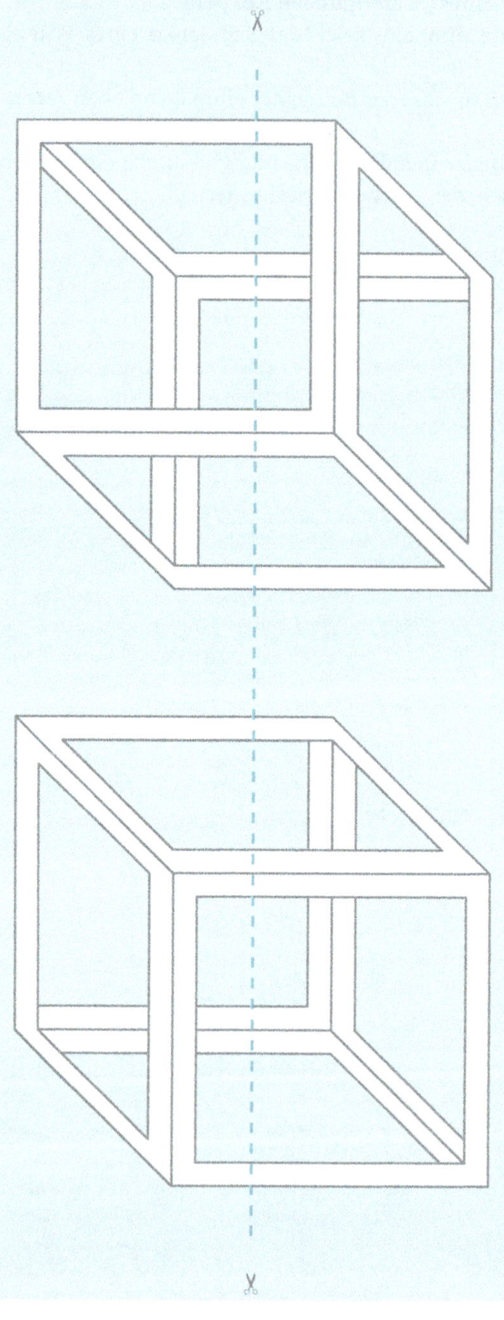

Simulieren

Klasse	8–10
Thema	Zerfallsvorgänge
Vorbereitung	Wurfgeräte (Spielwürfel, Münzen oder Reißzwecken) bereitstellen
Besonderer Nutzen	Exponentielle Vorgänge erlebbar machen, Daten selbst erzeugen, präsentieren und statistisch bewerten

Möglicher Ablauf

› Mit einer Simulation wird der zeitliche Verlauf eines Zerfallsvorgangs nachvollzogen. Führen Sie das folgende Experiment mit Unterstützung einiger Schüler vor:
- Wirf 30 Spielwürfel, nachdem du einen Würfel farblich markiert hast.
- Sortiere alle Würfel aus, die eine Sechs zeigen.
- Notiere die Ergebnisse in einer Tabelle und wiederhole das Experiment mit den verbleibenden Würfeln so lange, bis alle Würfel aussortiert sind. Beobachte, wann der markierte Würfel ausscheidet.

› Für den weiteren Stundenverlauf sind verschiedene Schwerpunkte denkbar:
- Die Schüler werten die Daten aus (Tabelle, grafische Darstellung, Funktionsgleichung) und präsentieren die Ergebnisse.
- Sie vergleichen Vorhersagen mit dem realen Verlauf des Experiments, nachdem das Experiment mehrfach in Gruppen durchgeführt wurde und beantworten die folgenden Fragen:
- Wie lange dauert es, bis alle Würfel aussortiert sind?
- Wann wird der gekennzeichnete Würfel aussortiert?
- Wie viele Würfel sind nach dem 1., 2., … Wurf vorhanden?
- Wie groß ist die Abweichung von der rechnerischen Vorhersage?
- Auch das Modellieren eines realen Zerfallsvorgangs (Simulation mittels Zufallsexperiment) kann in den Mittelpunkt gestellt werden.

Variante
- Je nach Schwerpunktsetzung sind verschiedene Wurfgeräte zweckmäßig:
  - Münzen – größere Anzahlen
  - Würfel – verschiedene Zerfallsgeschwindigkeiten
  - Reißzwecken – unbekannte Zerfallskonstante

Ampelkarten

Klasse	5–7
Thema	Dreiecke
Vorbereitung	Vorbereitung kleiner Kärtchen in den Farben rot und grün (evtl. auch gelb) durch alle Schüler
Besonderer Nutzen	Differenzierte und zeitsparende Rückmeldung zum Grundwissen aller Schüler der Klasse

Möglicher Ablauf

- Beginnen Sie den Unterricht mit einer kurzen mündlichen Wiederholung.
- Formulieren Sie Aussagen, welche die Schüler als wahr oder falsch beurteilen sollen.
- Die Schüler zeigen die grüne Karte für „wahr" und die rote für „falsch".
- Sie erhalten sehr schnell einen Überblick über den gesamten Leistungsstand, auch wenn man nicht ausschließen kann, dass einzelne Schüler sich am Nachbarn orientieren oder raten.
- Sichern Sie die Ergebnisse, indem Sie nach jeder Aufgabe die richte Antwort bestätigen.
- Bei Bedarf lassen Sie einen Schüler begründen. In diesem Fall ist es günstig, wenn Sie Beispiele und Gegenbeispiele an die Tafel zeichnen und daran argumentieren.

Tipps	▪ Beim regelmäßigen Arbeiten mit Ampelkarten wird der Ablauf flüssiger und konzentrierter. ▪ Die gelbe Karte könnte für „ich kann die Aufgabe nicht lösen" eingesetzt werden.
Variante	▪ Auch kleinere schriftliche Übungen können Sie auf diese Weise effektiv kontrollieren, z. B. Grundrechenaufgaben. Dazu sagt ein Schüler seine Lösung zügig nacheinander an und die Mitschüler zeigen grün für „richtig" und rot für „falsch".

Material

Sind folgende Aussagen wahr oder falsch?

- Ein stumpfwinkliges Dreieck hat einen Winkel, der größer ist als 90°.
- Ein spitzwinkliges Dreieck hat einen spitzen Winkel.
- Ein Dreieck mit genau zwei spitzen Winkeln ist stumpfwinklig.
- Alle gleichseitigen Dreiecke sind gleichschenklig.
- Es gibt gleichschenklige Dreiecke, die rechtwinklig sind.
- Es gibt rechtwinklige Dreiecke, die gleichseitig sind.
- Es gibt keine Dreiecke mit zwei rechten Winkeln.
- Ein unregelmäßiges Dreieck kann auch zwei gleich große Winkel haben.

Klassenturnier

Klasse	5–7
Thema	Rationale Zahlen
Vorbereitung	—
Besonderer Nutzen	Aktivierung durch Wettkampf

Möglicher Ablauf

- Teilen Sie die Klasse in 4 Mannschaften ein.
- In der ersten Runde nehmen je zwei Mannschaften in der alphabetischen Reihenfolge ihrer Namen Aufstellung.
- Sie stellen den ersten beiden Schülern eine Kopfrechenaufgabe zur Addition, Subtraktion, Multiplikation oder Division rationaler Zahlen. Der schnellere Schüler erhält einen Punkt für die Mannschaft.
- Jedes Mannschaftsmitglied startet einmal. Bei Punktegleichstand stellen Sie weitere Aufgaben.
- In der Endrunde kämpfen zunächst zwei Mannschaften um den 3. und 4. Platz. Zuletzt treten die beiden stärksten Mannschaften an. Die Aufgaben dürfen nun etwas schwerer sein.

Tipp	Um die Mannschaften auszulosen, zerschneiden Sie 4 Postkarten in Puzzleteile. Jeder Schüler zieht ein Teil. Anschließend suchen die Schüler ihre Mittspieler mithilfe des Postkartenpuzzles.
Variante	Falls die Schülerzahl nicht durch 4 teilbar ist, bestimmen Sie einen Turnierleiter, der die Aufgaben stellen darf, und ein bis zwei Schiedsrichter für die Punktverteilung.

Rechenwettbewerb

Klasse	5/6
Thema	Teilbarkeit
Vorbereitung	Kopie des Rätsels oder Vorbereitung an der Tafel
Besonderer Nutzen	Kopfrechenübung, einfache Problemlösestrategien, Aktivierung durch Wettbewerb

Möglicher Ablauf

- Präsentieren Sie den Schülern das Zahlengitter als Kopie oder an der Tafel oder als Folie.
- Wenn alle startklar sind, nennen Sie die Aufgabe: Welche Maus ist am schnellsten beim Käse?
  Das Produkt der Zahlen soll 15015 ($1 \cdot 5 \cdot 7 \cdot 3 \cdot 13 \cdot 11 = 15015$) sein.
- Der Sieger erläutert sein Vorgehen.
- Die Schüler diskutieren über mögliche Strategien:
  - Vorwärtsarbeiten (Wenn der erste Faktor 2 wäre, müsste das Produkt gerade sein. Wenn die Zahl durch 9 teilbar wäre, müsste die Quersumme durch 9 teilbar sein …)
  - Rückwärtsarbeiten (Die Zahl ist durch 5 teilbar, man erhält 3 003. Diese Zahl ist durch 3 teilbar, man erhält 1 001 …)

Tipp	Es kann auch mithilfe der Primfaktorenzerlegung gearbeitet werden.
Variante	Ein weiteres Produkt könnte 63 360 ($2 \cdot 9 \cdot 8 \cdot 10 \cdot 4 \cdot 11$) sein. Die Primfaktorenzerlegung ist dann $2^7 \cdot 3^2 \cdot 5 \cdot 11$.

Name: Klasse: Datum:

Rechenwettbewerb

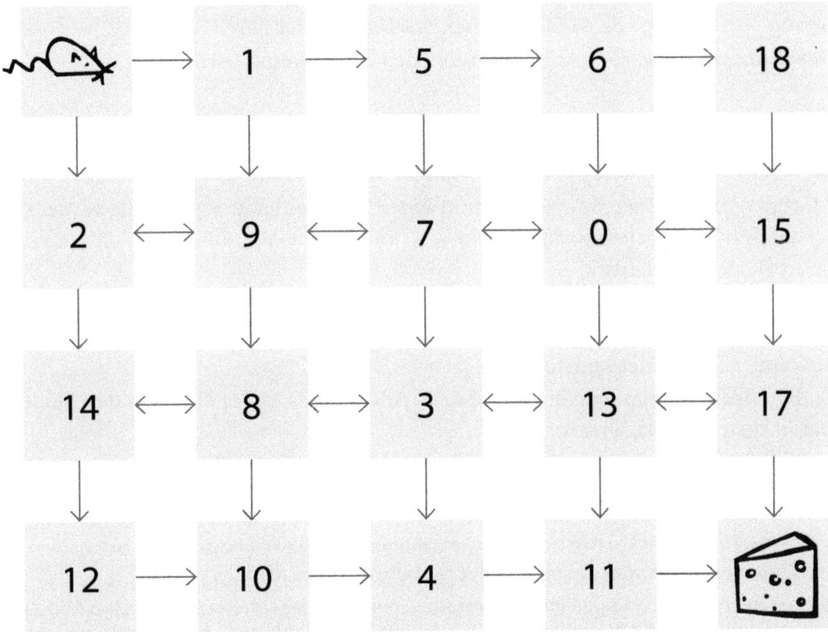

Kopfrechenspiel

Klasse	5/6
Thema	Bruchrechnung
Vorbereitung	Kopien der Aufgabenkarten, Spielwürfel bereitstellen
Besonderer Nutzen	Rechenfertigkeiten und Grundbegriffe im Wettbewerb festigen

Möglicher Ablauf

- Teilen Sie die Klasse in Gruppen von etwa vier Schülern ein.
- Jede Gruppe erhält einen Spielwürfel und einen Satz Aufgabenkarten, die verdeckt als Stapel auf den Tisch gelegt werden.
- Erklären Sie den Spielablauf:
  - Ein Schüler zieht eine Aufgabenkarte und liest vor.
  - Er würfelt den Bruch (erster Wurf → Zähler, zweiter Wurf → Nenner) und löst die Aufgabe. Alle Schüler kontrollieren.
  - Ist die Lösung richtig, behält er die Karte. Andernfalls legt er sie unter den Stapel.
  - Der nächste Schüler setzt fort.
  - Das Spiel endet, wenn alle Karten verbraucht sind.

Tipps	▪ Durch den Einsatz von „außergewöhnlichen" Würfeln mit mehr als 6 Seiten oder anderen Beschriftungen können Aufgabenvielfalt und Schwierigkeit gesteigert werden. ▪ Zur besseren Kontrolle sollten die Aufgaben notiert werden.
Variante	▪ Lassen Sie die Gruppen im Wettbewerb gegeneinander antreten. Geben Sie 5 Minuten Zeit vor, in der die Gruppe möglichst viele Aufgaben gemeinsam löst. Aufgaben und Lösungen werden notiert und abschließend durch einen Tausch zwischen den Gruppen kontrolliert.

Material

Würfle zwei Brüche und vergleiche sie.	Würfle einen Bruch und bilde das Dreifache.	Würfle einen Bruch. Welchen Abstand zu 1 hat er auf dem Zahlenstrahl?	Würfle einen Bruch und erweitere ihn so, dass sein Nenner 60 beträgt.
Würfle zwei Brüche und bilde ihre Summe.	Würfle zwei Brüche und bilde daraus den größtmöglichen Quotienten.	Würfle zwei Brüche. Addiere zum Produkt dieser Brüche 0,75.	Würfle drei Brüche und ordne sie der Größe nach.
Würfle einen Bruch und wandle ihn in einen Dezimalbruch um.	Würfle einen Bruch und erweitere ihn mit 12.	Würfle einen Bruch und schreibe ihn als %-Angabe.	Würfle einen Bruch und quadriere ihn.
Würfle zwei Brüche und subtrahiere den kleineren vom größeren.	Würfle zwei Brüche. Subtrahiere den Quotienten dieser Brüche von 2.	Würfle zwei Brüche. Welche Zahl musst du zum ersten Bruch addieren, um den zweiten Bruch zu erhalten?	Würfle drei Brüche und mache sie gleichnamig.

Kreuzzahlrätsel 1

Klasse	ab 5
Thema	Teiler und Vielfache
Vorbereitung	Arbeitsblätter mit dem Rätsel kopieren, eine Kopie als Folie, Folienstift
Besonderer Nutzen	Kopfrechenübung und Wiederholung von Fachbegriffen

Möglicher Ablauf

- Verteilen Sie die Kopien des Kreuzzahlrätsels an alle Schüler.
- In Stillarbeit lösen die Schüler das Rätsel nach den bekannten Regeln von Kreuzworträtseln.
- Wenn Begriffe unklar sind, geben Sie individuelle Hilfen und notieren die jeweiligen Begriffe an der Tafel.
- Zum Vergleich trägt ein Schüler die Lösungen in die Folie ein und erklärt die Reihenfolge seines Vorgehens.
- Abschließend fordern Sie die Schüler auf, die Begriffe, die an der Tafel gesammelt wurden, nochmals zu erklären. Lassen Sie die ersten Primzahlen, Quadratzahlen oder Zweierpotenzen auswendig aufsagen.

Tipp	Da es relativ schwierig ist, die erste Zahl zu finden, können Sie nach einiger Zeit den Hinweis geben, mit *G* Senkrecht anzufangen.

Die Lösung finden Sie auf Seite 64.

Name: Klasse: Datum:

Kreuzzahlrätsel 1

A			B	
		C		
D	E		F	G
	H			
I			K	

Waagerecht
A Das Vierfache der Quersumme aus **B** waagerecht
B Quadratzahl
C Teiler von **I** waagerecht
D durch 7 teilbare Zahl
F Quadratzahl
H Teiler von **F** waagerecht
I Vielfaches von **B** waagerecht
K Zahl mit derselben Quersumme wie **I** waagerecht

Senkrecht
A gerade Quadratzahl
B eine Potenz von 2
E Quadratzahl
G kleinste dreistellige Primzahl

Kreuzzahlrätsel 2

Klasse	8–10
Thema	Potenzen, Wurzeln, Logarithmen
Vorbereitung	Arbeitsblätter mit dem Rätsel kopieren, eine Kopie als Folie, Folienstifte
Besonderer Nutzen	Kopfrechenübung mit Selbstkontrolle

Möglicher Ablauf

- Verteilen Sie die Kopien des Kreuzzahlrätsels an alle Schüler.
- Das Rätsel wird nach den Regeln eines Kreuzworträtsels in Stillarbeit und ohne Taschenrechner gelöst.
- Beim Eintragen in das Kreuzzahlrätsel erhalten die Schüler eine Lösungskontrolle.
- Verzichten Sie trotzdem nicht auf einen abschließenden Vergleich mithilfe der Folie.
- Besprechen Sie abschließend Umformungen, bei denen die Schüler Schwierigkeiten hatten.

Variante Natürlich können die 10 Aufgaben auch als klassische Kopfrechenübung (tägliche Übung) durchgeführt werden ohne eine Kopie des Rätsels anzufertigen. Die Chance zur Selbstkontrolle würde hier jedoch vertan.

Material

Lösungskontrolle

A 1	2		B 3	C 2
0		D 6		0
	E 1	2	1	
F 8		5		G 3
H 1	0		I 5	0

Name: Klasse: Datum:

Kreuzzahlrätsel 2

A			B	C
		D		
	E			
F				G
H			I	

Vereinfache die Terme so, dass alle Aufgaben im Kopf gelöst werden können.
Berechne bzw. forme nach der Variablen um.

Waagerecht

A $144^{\frac{1}{3}} \cdot 144^{\frac{1}{6}} =$

B $x^{\frac{1}{5}} = 2$

E $\log_{11} a = 2$

H $\sqrt[3]{8} \cdot \sqrt[3]{25} \cdot \sqrt[3]{5} =$

I $\left(\frac{b}{2}\right)^{\frac{1}{2}} = 5$

Senkrecht

A $\left(\frac{1}{2}\right)^{-a} = 1024$

C $\sqrt{800} : \sqrt{2} =$

D $\left(\sqrt[3]{25}\right)^{6} =$

F $\sqrt{\sqrt{m}} = 3$

G $(6 - \sqrt{6}) \cdot (6 + \sqrt{6}) =$

Puzzle

Klasse	8–10
Thema	Binomische Formeln
Vorbereitung	Vorlage nach Anzahl der Gruppen kopieren
Besonderer Nutzen	Auflockerung formaler Übungen, Möglichkeit zur Selbstkontrolle

Möglicher Ablauf

- Beim ersten Einsatz schneiden die Schüler die Puzzleteile auseinander.
- In Partner- oder Gruppenarbeit setzen die Schüler das Puzzle neu zusammen.
- Halten Sie die Lernpartner zum Begründen und gegenseitigen Kontrollieren an.
- Eine Kontrolle ergibt sich auch aus der sechseckigen Form.

Tipp	Verwenden Sie beim Kopieren Papier mit unterschiedlichen Farben. So können heruntergefallene Puzzleteile schnell wieder zugeordnet werden.
Varianten	Variante 1 enthält nur grundlegende Aufgaben zu den binomischen Formeln. Variante 2 enthält neben den binomischen Formeln auch quadratische Ergänzungen.

Material

Lösung zu Variante 1

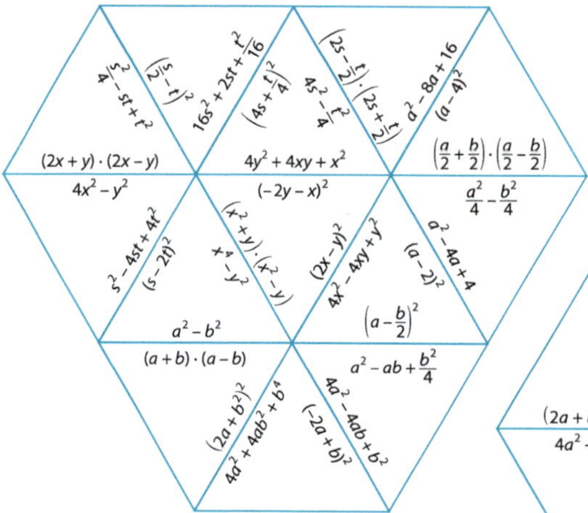

Lösung zu Variante 2

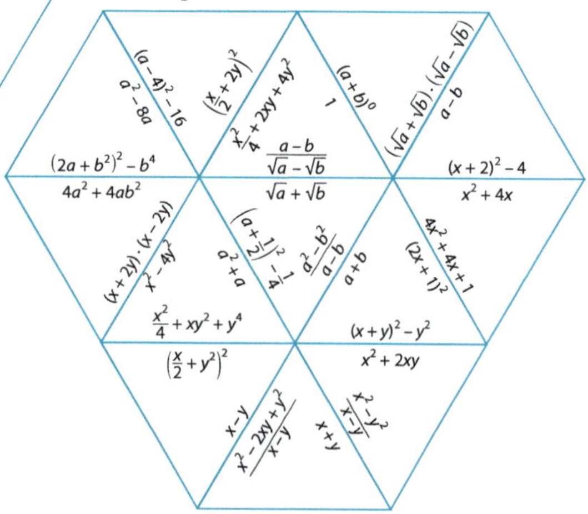

Name: Klasse: Datum:

Puzzle Variante 1

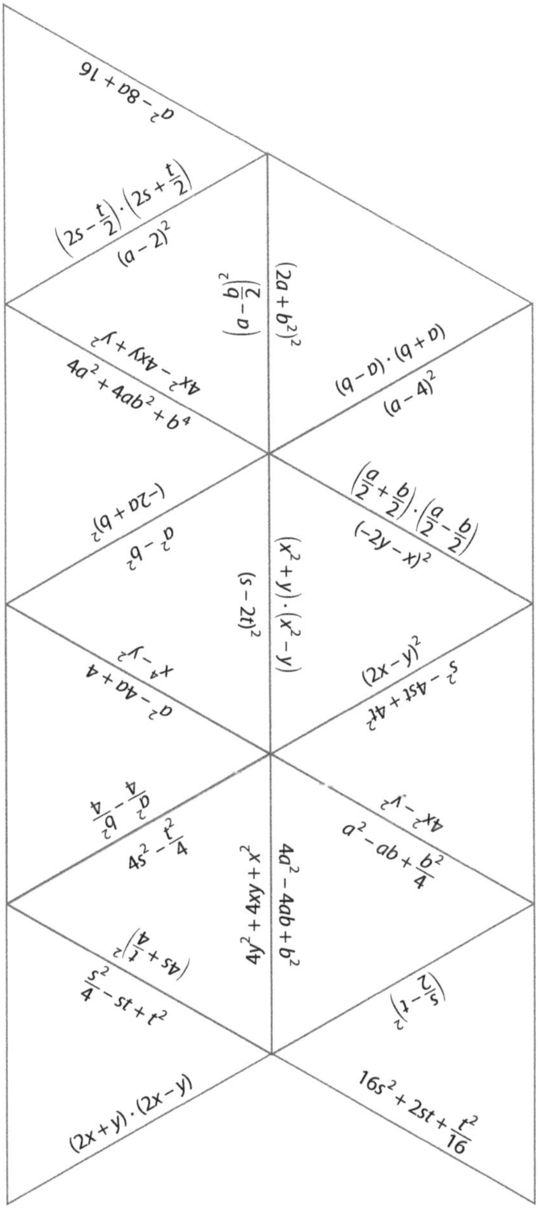

Name: Klasse: Datum:

Puzzle Variante 2

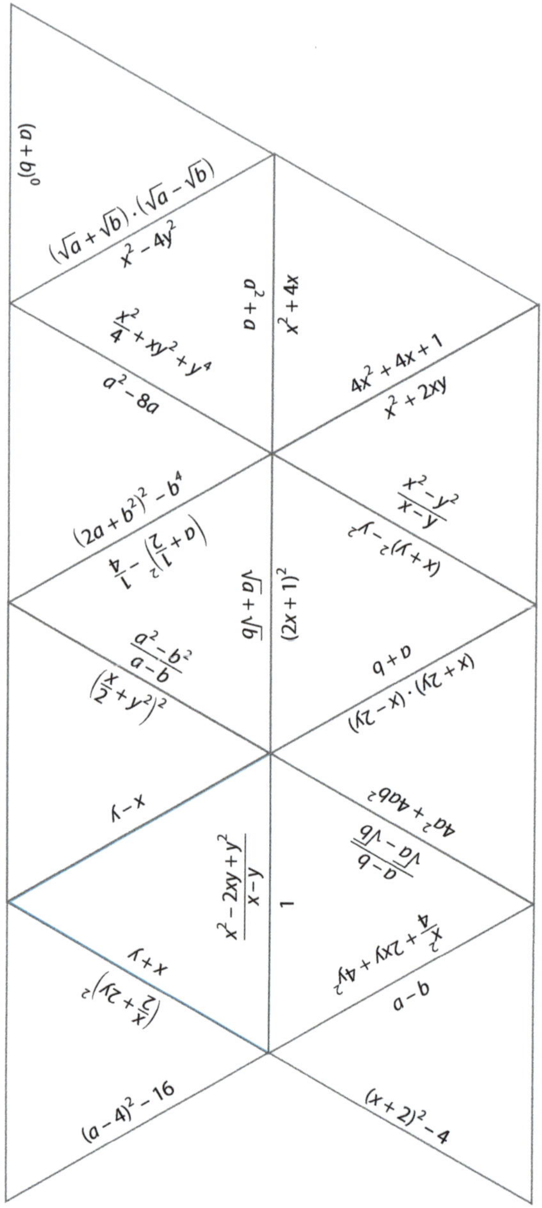

Kopfgeometrie 1

Klasse	ab 5
Thema	Körperdarstellungen
Vorbereitung	Folie kopieren, eventuell Würfelmodell beschriften
Besonderer Nutzen	Schulung des räumlichen Vorstellungsvermögens

Möglicher Ablauf

- Präsentieren Sie den Schülern Aufgaben zur Kopfgeometrie auf einer Folie.
- Die Lösung kann mündlich erfolgen.

Tipp	Schüler, die mit dieser Aufgabe Probleme haben, erhalten ein Würfelmodell zur Unterstützung
Variante	Ihre Schüler können sich selbst ähnliche Aufgaben überlegen, die sie am Anfang jeder Geometriestunde kurz präsentieren.

Die Lösungen finden Sie auf Seite 64.

Material

Aufgabe 1

- Ein Würfel wurde mit der Ziffern 0, 1, 2, 3, 4 und 5 beschriftet. Die drei Bilder zeigen diesen Würfel in verschiedenen Ansichten. Welche Ziffer ist jeweils auf der unteren, hinteren und seitlichen Fläche notiert?

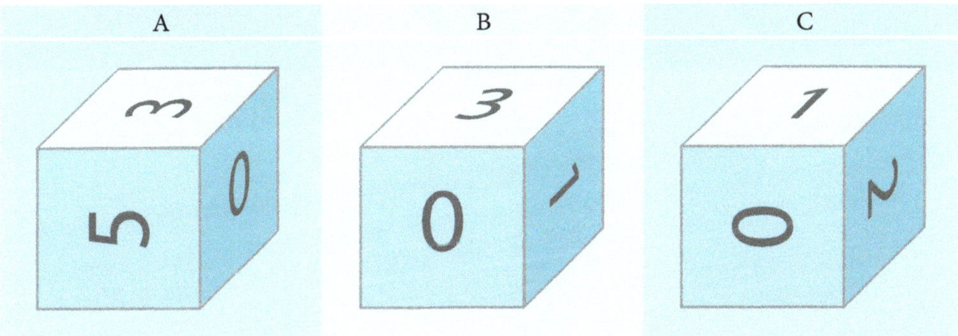

Steckbrief

Klasse	ab 6
Thema	Eigenschaften von Vierecken
Vorbereitung	Begriffskärtchen anfertigen
Besonderer Nutzen	Wiederholung und Vorbereitung einer Systematisierung

Möglicher Ablauf

- Je zwei Schüler erhalten ein Kärtchen, auf dem ein Begriff steht. Die Mitschüler dürfen diese Begriffe nicht lesen oder hören.
- In Stillarbeit beschreiben die Schüler den Begriff mithilfe seiner Eigenschaften der Seiten, Winkel und Diagonalen möglichst eindeutig. Sie legen einen Steckbrief an.
- Teilen Sie die Klasse nun in zwei oder drei Mannschaften.
- Der erste Schüler liest seinen Steckbrief vor, ohne den Begriff zu nennen.
- Die Mitschüler raten. Ist der Begriff richtig, so erhält die Mannschaft einen Punkt und darf den nächsten Begriff vorstellen.
- Im weiteren Stundenverlauf können Sie die Eigenschaften der Vierecke tabellarisch zusammenfassen und daraus eine Systematisierung (Ober-, Unter- und Nebenbegriffe) entwickeln.

Tipps
- Erlauben Sie den Schülern beim Anfertigen des Steckbriefs die Nutzung ihrer Aufzeichnungen im Mathematikhefter.
- Die Steckbriefe könnten auch als Hausaufgabe vorbereitet werden.

Variante
- Steckbriefe eignen sich zur Wiederholung verschiedener mathematischer Begriffe, die über ihre Eigenschaften definiert werden, z. B. geometrische Körper, Funktionsarten, Funktionseigenschaften

Material

Quadrat	gleichschenkliges Trapez
Rhombus (Raute)	Drachenviereck
Parallelogramm	Trapez
Rechteck	konvexes Viereck

Weitere Möglichkeiten

Sehnenviereck	Tangentenviereck

Partnersuche

Klasse	ab 7
Thema	Inkreis, Umkreis, Winkel am Kreis
Vorbereitung	Aussagen kopieren und zerschneiden
Besonderer Nutzen	Aktivierung aller Schüler, Auflockerung der Unterrichtsatmosphäre

Möglicher Ablauf

- Verteilen Sie an jeden Schüler einen Zettel, auf dem die Hälfte einer mathematischen Aussage enthalten ist, die Sie wiederholen möchten. Achten Sie dabei auf eine gute Durchmischung.
- Fordern Sie die Schüler nun auf, im Zimmer umherzugehen und einen Partner zu suchen, mit dem der Satz zu einer wahren Aussage vervollständigt werden kann.
- Die Lernpartner nehmen zusammen Platz und bereiten sich kurz darauf vor, wichtige Begriffe, die in diesem Satz vorkommen zu erläutern und die Aussage farbig in einem Piktogramm zu veranschaulichen.
- Abschließend präsentieren die Schüler die Sätze.

Tipp	Bei größerer Schülerzahl können die Aussagen mehrfach auftreten. Bei ungerader Schülerzahl wird die Satzerweiterung mit ausgeteilt und es entsteht eine Dreiergruppe.
Varianten	▪ Die Aussagen können auch so eingesetzt werden, dass ein bis maximal zwei (sonst müsste man raten) Aussagen noch unbekannt sind. Ihr Wahrheitsgehalt würde dann in der Stunde untersucht. ▪ Nach diesem Einstieg könnten die Schüler auch mit ihrem Partner am Computer arbeiten und die Aussage des Satzes an Beispielen darstellen. Hierzu eignen sich z. B.: die Geometriesoftware GeoGebra oder GEONExT ▪ Der Schwerpunkt der Stunde könnte auch in der Behandlung von All- und Existenzaussagen und der Umkehrung von Sätzen liegen.

Material

In jedem Sehnenviereck …	… beträgt die Summe gegenüberliegender Winkel 180°.
In jedem Tangentenviereck …	… sind die Summen der Längen gegenüberliegender Seiten gleich.
Ein Peripheriewinkel über einem Kreisdurchmesser …	… ist ein rechter Winkel.
Jeder Peripheriewinkel …	… ist halb so groß wie der zum gleichen Kreisbogen gehörende Zentriwinkel.
Es gibt Sehnenvierecke, …	… die Drachenvierecke sind.
Es gibt Parallelogramme, …	… die keine Sehnenvierecke sind.
Wenn ein Parallelogramm einen Inkreis besitzt, …	… so ist es ein Rhombus.
Ein Dreieck …	… besitzt immer einen Umkreis.
Ein Viereck …	… besitzt nur dann einen Umkreis, wenn sich die Mittelsenkrechten seiner Seiten genau in einem Punkt schneiden.
Es gibt Vierecke, …	… die zugleich Sehnen- und Tangentenvierecke sind.
Falls die Anzahl der Schüler ungerade ist:	… und besitzt immer einen Inkreis.

Begriffsnetz

Klasse	ab 7
Thema	Quadratische Funktionen
Vorbereitung	eventuell Begriffskarten kopieren
Besonderer Nutzen	Begriffszusammenhänge erleichtern das Behalten und machen Wissenslücken bewusst

Möglicher Ablauf

- Sichern Sie zu Beginn einer Übungsstunde das Wissen durch ein Begriffsnetz. Lassen Sie die Schüler dabei die Phasen „Sammeln", „Ordnen" und „Erklären" mindestens einmal durchlaufen. Wechseln Sie zwischen selbstständiger Arbeit, Partner- oder Gruppenarbeit und Arbeit im Plenum.
- **Sammeln (ICH-Phase):** Fordern Sie die Schüler auf, 6 Begriffe zum Thema „Quadratische Funktionen" auf je einen Zettel zu schreiben. Es sollte noch kein Austausch erfolgen.
- **Erklären (DU-Phase):** Die Banknachbarn tauschen sich über die Begriffe aus und erklären sie sich gegenseitig. Dadurch ist eine erste Kontrolle gewährleistet.
- **Ordnen (WIR-Phase):** Die Arbeit wird nun auf Vierergruppen ausgedehnt. Es wird nach Ober-, Unter- und Nebenbegriffen geordnet.
- **Erklären (Plenum):** Die Ergebnisse werden der Klasse vorgestellt, ergänzt und berichtigt. Sie können abschließend spezielle Begriffe (z. B. Quadratische Ergänzung, Diskriminante, Umkehrbarkeit, Satz von Vieta) ergänzen lassen.
- Wenn Sie die Begriffsauswahl stärker steuern möchten, lassen Sie die Schüler in der ersten Phase je 6 Begriffe aus vorbereitetem Material ziehen. Die Aufgabe lautet dann: Sucht nach Oberbegriffen.

Tipp	Das Ergebnis wird auf Packpapier geklebt und zur weiteren Arbeit aufbewahrt.
Variante	Ein grobes Begriffsnetz kann auch bereits vor der Erarbeitung entwickelt und im Unterricht begleitend eingesetzt werden, um Kenntnisse über Funktionen zu wiederholen, neue Begriffe sofort einzuordnen und Wissenslücken bewusst zu machen.

Material

Nullstelle	Extrempunkt	Wertebereich	gleichmäßig beschleunigte Bewegung
Symmetrie	Monotonie	Scheitelpunkt	Oberflächeninhalt
Normalparabel	Symmetrieachse	Verschiebung in x-Richtung	Lösung der quadratischen Gleichung
Parabel	Verschiebung in y-Richtung	Streckung	Quadratische Ergänzung
Stauchung	Scheitelpunktform	Normalform	Diskriminante
Allgemeine Form	Lösungsformel	Spiegelung	Satz von Vieta
Wurfparabel	Parabolspiegel	Brückenbogen	Umkehrbarkeit

Schwarzes Schaf

Klasse	ab 8
Thema	Funktionen und ihre Eigenschaften
Vorbereitung	Folie anfertigen
Besonderer Nutzen	Grundwissen ordnen, strukturieren und kontrollieren

Möglicher Ablauf

- Sie präsentieren der Klasse nacheinander jeweils vier Funktionsgleichungen, Begriffe oder graphische Darstellungen und fordern die Schüler auf herauszufinden, welche Darstellung (schwarzes Schaf) nicht zu den andern passt. Dabei sollten keine Hilfsmittel zugelassen werden.
- Nach jeder Teilaufgabe werden die Begründungen kurz diskutiert. Möglicherweise kann auch eine andere Argumentation als die in der Lösung angegebene schlüssig sein.

Variante Eine Gestaltung als Wettbewerb ist z. B. möglich, wenn alle richtigen Antworten pro Bankreich gezählt werden.

Die Lösungen finden Sie auf Seite 64.

Material

A

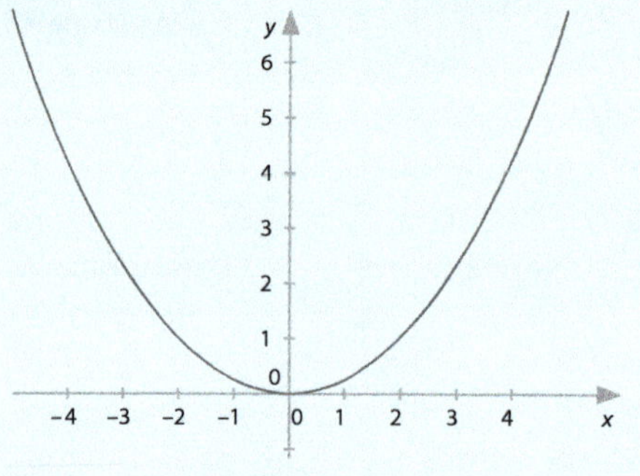

B

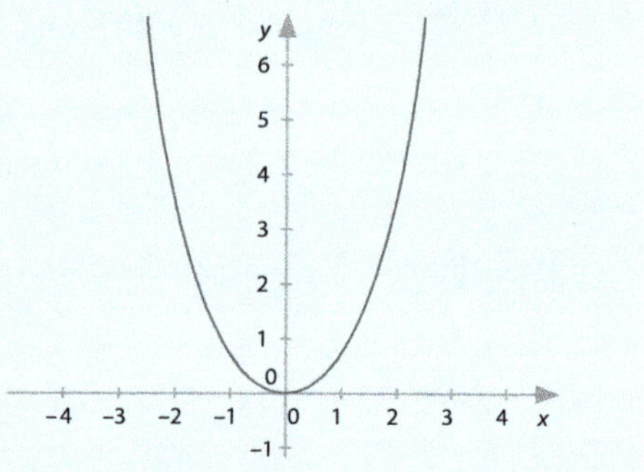

C

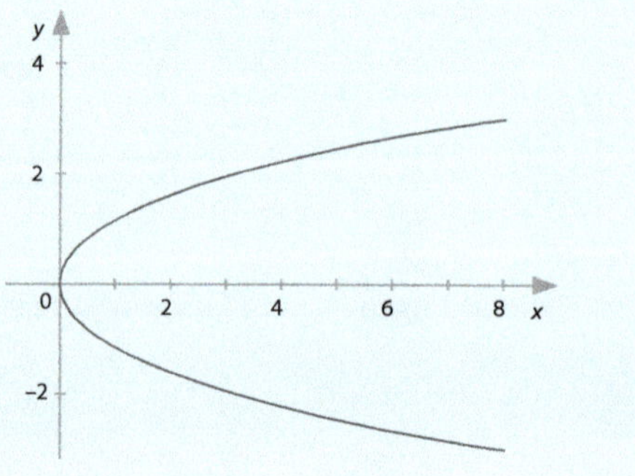

D

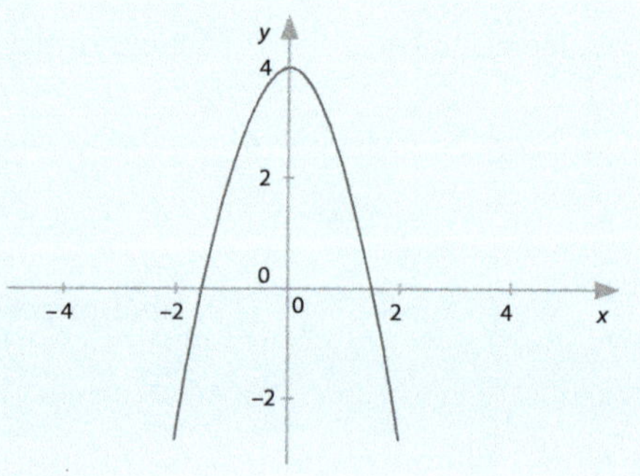

Material

$f(x) = \sin\left(x + \frac{\pi}{4}\right)$	$g(x) = x^2 + \frac{1}{4}$
$h(x) = \sqrt{x + 2}$	$k(x) = 2^{x+3}$

Scheitelpunkt	Schnittpunkt mit der x-Achse
Tiefpunkt	Nullstelle

$t(x) = 2^x$	$s(x) = -2 \cdot \left(\frac{1}{3}\right)^x$
$n(x) = \left(\frac{1}{2}\right)^x$	$m(x) = \frac{1}{2} \cdot 3^x$

Quadrant	Radikand
Exponent	Potenz

$\sqrt[8]{3}$	$\sqrt[3]{8}$
$\sqrt{(-8)^2}$	$\sqrt[3]{-8}$

$\log_2 32 =$	$\log_4 64 =$
$\log_{10} 0{,}1 =$	$\log_5 25 =$

Platzdeckchen

Klasse	ab 7
Thema	Erwartungswert einer Zufallsgröße
Vorbereitung	A3-Papier bereitstellen
Besonderer Nutzen	Zusammenfassen wichtiger Fakten, Ideen oder Fragen, Aktivierung aller Schüler

Möglicher Ablauf

- Die Schüler finden sich in Vierergruppen zusammen.
- Jede Gruppe erhält ein A3-Blatt, welches in 5 Sektoren geteilt wird. (vgl. Material)
- Sie stellen folgende Aufgabe:
  - Notiert alle Begriffe, Verfahren und Zusammenhänge, die wir zum Thema „Erwartungswert einer Zufallsgröße“ bisher gelernt haben.
- Jeder Schüler trägt seine Stichpunkte in einem der äußeren Sektoren ein. Achten Sie in dieser Phase auf Stillarbeit.
- Nach 3–4 Minuten fordern Sie die Schüler auf, ihre Stichpunkte in der Gruppe zu vergleichen.
- Nach einer kurzen Diskussion einigt sich die Gruppe auf eine gemeinsame Antwort, die im Mittelfeld notiert wird.
- Zwei Gruppen präsentieren abschließend ihre Ergebnisse.
- Im weiteren Stundenverlauf kann das bereitgestellte Wissen in Übungsaufgaben gefestigt werden.

Tipp	Als Ritual könnte diese Rückschau regelmäßig zum Wochenbeginn durchgeführt werden.
Varianten	Die Methode ist auch nützlich, um alle Schüler an der Ideenfindung zu einem Problem zu beteiligen. Statt der wichtigsten Fakten könnten auch Fragen zu einem Thema notiert werden. Dann wird das Blatt nach der Stillarbeitsphase so gedreht, dass die Fragen dem Nachbarn vorliegen und in erneuter Stillarbeit beantwortet werden, bevor sich eine Diskussion in der Gruppe anschließt.

Einen Lösungsvorschlag finden Sie auf Seite 64.

Name: Klasse: Datum:

Platzdeckchen

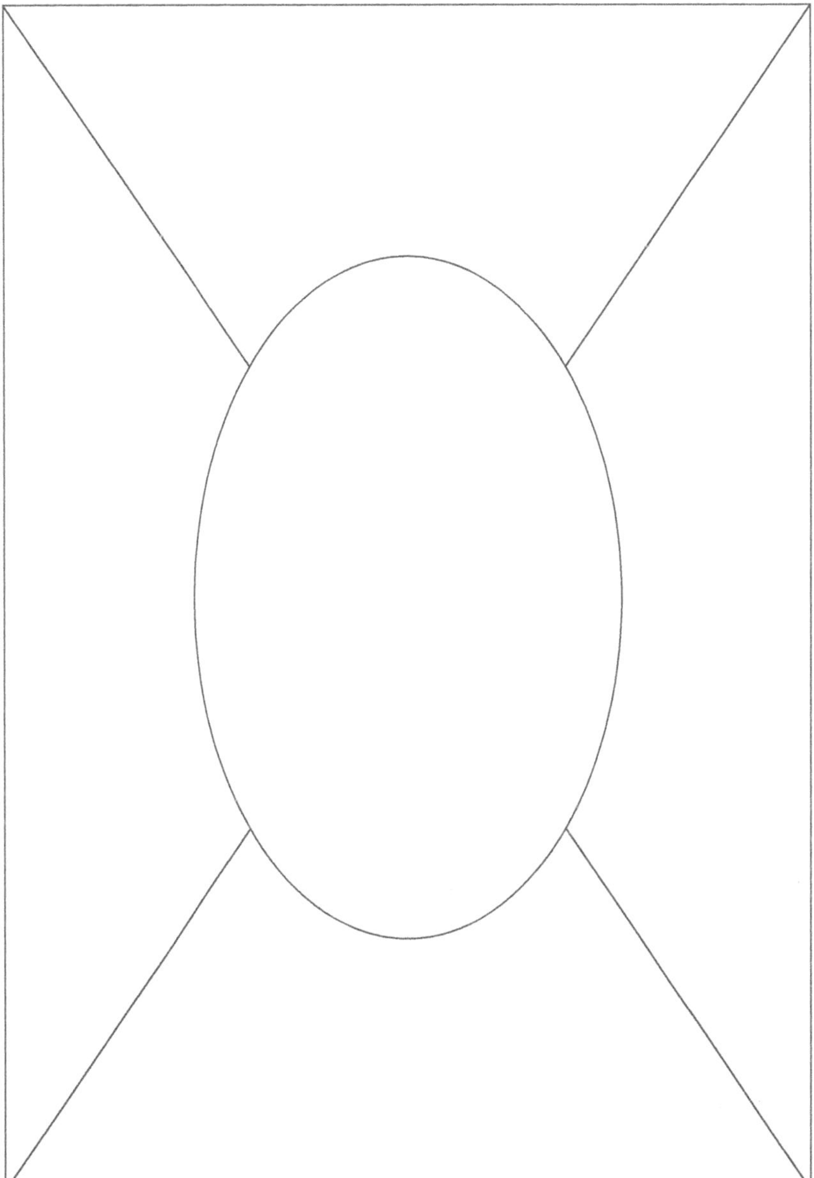

Programminformation

Klasse	ab 5
Thema	Mittelwerte
Vorbereitung	Poster vorbereiten
Besonderer Nutzen	Interesse für ein neues Stoffgebiet wecken, neues Wissen in eine Struktur einordnen

Möglicher Ablauf

- Informieren Sie Ihre Schüler anhand eines Posters über das nächste Stoffgebiet.
- Knüpfen Sie bei bekanntem Wissen an und provozieren Sie mit einem Problem.
- Geben Sie etwas Zeit, damit sich die Schüler austauschen und erste Lösungsideen entwickeln können.
- Fassen Sie möglichst knapp zusammen, wie das Thema lautet, was Ihre Schüler lernen werden und wozu dieses Wissen nützlich ist.

Tipp	Das Problem kann bereits als Hausaufgabe in der Stunde zuvor gestellt werden.
Variante	Nutzen Sie alternativ das Schullehrbuch für einen informierenden Einstieg. Hier kann die Titelseite des neuen Lernbereichs die Funktion des Posters übernehmen.

Material

Was wir schon kennen:

Das arithmetische Mittel

Wer hat Recht?

Ein Zug fährt von A-Dorf nach B-Dorf mit einer mittleren Geschwindigkeit von 60 km/h. Auf dem Rückweg erreicht er wegen Gleisbauarbeiten nur eine mittlere Geschwindigkeit von 30 $\frac{km}{h}$. Wie groß ist seine Geschwindigkeit für die Hin- und Rückfahrt im Mittel?

- Paul meint: 45 $\frac{km}{h}$
- Paula meint: 40 $\frac{km}{h}$
- Was meinst du?

Was wir in diesem Stoffgebiet neu lernen:

- Wofür verschiedene Mittelwerte nützlich sind,
- weshalb der Mittelwert allein nicht ausreicht,
- wie man bei einer größeren Anzahl verschiedener Daten vorgeht,
- welche Fehler in Diagrammen versteckt sein können.

Kugellager

Klasse	6–7
Thema	Zuordnungen
Vorbereitung	Schüler stehen oder sitzen einander in einem inneren und einem äußeren Kreis gegenüber
Besonderer Nutzen	Förderung der Kommunikation, Kontrolle mündlicher Hausaufgaben oder Wiederholung

Möglicher Ablauf

- Die Schüler haben in einem inneren und einem äußeren Kreis Aufstellung genommen. Sie erhalten die Aufgabe 1.
- Die Schüler im inneren Kreis erklären ihrem Partner im äußeren Kreis leise den Sachverhalt. Der Partner kontrolliert, verbessert und ergänzt.
- Der äußere Kreis bewegt sich nun um 2 Plätze weiter. Jeder Schüler erhält dadurch einen neuen Partner.
- Nun wird Aufgabe 2 bearbeitet, wobei der äußere Schüler spricht und der innere Partner kontrolliert.
- Der Platzwechsel wird noch zweimal wiederholt. Aufgabe 3 erklärt ein Schüler des inneren Kreises, Aufgabe 4 der äußere Partner.

Tipp	Falls die Schüler schon Erfahrungen mit dieser Methode haben, können sie auch selbst Wiederholungsfragen zum Stoff stellen.
Variante	Um aufwändige Änderungen der Sitzordnung zu vermeiden, kann ein Wechsel auch dadurch erfolgen, dass in jeder Sitzreihe der rechte Schüler 2 Plätze weiterrückt.

Material

Aufgabe 1

Erläutere den Begriff „Zuordnungen“ an drei Beispielen. Welche Darstellungsarten von Zuordnungen werden in der Mathematik verwendet?

Aufgabe 2

Erläutere je ein Beispiel für eindeutige, mehrdeutige und umkehrbar eindeutige Zuordnungen.

Aufgabe 3

Erläutere, wie du die direkte Proportionalität einer Zuordnung überprüfen kannst.

Aufgabe 4

Erläutere, wie du eine indirekte Proportionalität (antiproportionale Zuordnung) überprüfen kannst.

Internetrecherche

Klasse	ab 6
Thema	Daten darstellen und interpretieren
Vorbereitung	Computerraum bestellen, Kopie anfertigen
Besonderer Nutzen	Entwicklung von Methodenkompetenz (Informationen recherchieren, aufbereiten und präsentieren)

Möglicher Ablauf

- Zu Beginn der Stunde präsentieren Sie eine Zeitungsmeldung zum Wasserverbrauch.
- Die Schüler arbeiten wesentliche Informationen heraus, wobei ihnen folgende Leitfragen helfen:
  - Finde eine Überschrift für den Artikel.
  - Suche 3–4 Informationen heraus, die du dir merken willst.
  - Notiere Begriffe, die dir unbekannt sind.
  - Formuliere Fragen für eine Internetrecherche zu diesem Thema, auf die du in dem Artikel noch keine ausreichende Antwort findest.
- Danach werden die Informationen ausgetauscht und an der Tafel gesammelt.
- Im weiteren Stundenverlauf recherchieren die Schüler selbst nach Daten. Dabei sind die Internetseiten www.virtuelles-wasser.de und www.wasserfussabdruck.org hilfreich.
- Ziel könnte ein Vergleich der Wasserverbrauchsdaten verschiedener Länder oder eine grafische Darstellung des Wasserverbrauchs bei der Herstellung verschiedener Lebensmittel und Konsumgüter sein.
- Die Ergebnisse können in einer Präsentation münden oder als Ideenfindungsphase für ein Projekt genutzt werden.

Tipps	▪ Unter www.virtuelles-wasser.de findet man neben Unterrichtsmaterialien auch Anregungen für Schülerprojekte. Die Arbeiten können auch in einem Wettbewerb eingereicht werden. ▪ www.wasserfussabdruck.org stellt einen Wasserfußabdruck-Rechner bereit.
Variante	▪ Dieser Vorschlag kann auch mit dem Beispiel „Schätzen und Messen" (S. 6) kombiniert werden.

Material

Wasserknappheit wird in vielen Ländern der Welt schon heute zum Problem. Daher beschäftigt sich eine groß angelegte wissenschaftliche Studie mit dem Verbrauch in 405 Flussgebieten. Bereits 2,7 Milliarden Menschen leiden mindestens einen Monat im Jahr an Wasserknappheit.

Der sogenannte „Wasser-Fußabdruck" gibt Aufschluss über den Wasserverbrauch des Menschen. Demnach verbrauchen die Deutschen durchschnittlich 125 Liter pro Tag und Person. Dies ist aber nur der direkte Verbrauch für Haushalt und Konsum. Waren, die wir kaufen, erhöhen diese Zahl erheblich. So stecken z. B. auch in der Produktion eines Computers ca. 20 000 Liter Wasser. Rechnet man den Verbrauch für alle produzierten Güter zusammen, kommt man auf beachtliche 5 288 Liter pro Person und Tag, das entspricht etwa 25 Vollbädern. Damit verbraucht Deutschland im Jahr ca. 160 Milliarden Kubikmeter Wasser, mehr als das Dreifache des Volumens des Bodensees.

Wenn wir importierte Waren kaufen, geht das verbrauchte und verschmutzte Wassers auf Kosten anderer Länder. So sind wir schließlich auch ein Teil des globalen Wasserproblems.

Gutachten

Klasse	ab 6
Thema	Proportionale Zuordnungen
Vorbereitung	Werbetext vorbereiten
Besonderer Nutzen	Entwicklung des kritischen Vernunftgebrauchs in Alltagssituationen

Möglicher Ablauf

- Präsentieren Sie den Schülern eine aktuelle Supermarktwerbung und verteilen Sie anschließend die vorbereiteten Werbetexte.
- Die Schüler bearbeiten je ein Beispiel in Partner- oder Gruppenarbeit.
- Folgende Fragen können die Arbeit unterstützen:
  - Ist das Angebot eurer Meinung nach günstig?
  - Unter welchen Bedingungen würdet ihr das Produkt kaufen/ nicht kaufen?
  - Gebt dem Trick einen Namen.
  - Habt ihr schon ähnliche Angebote im Supermarkt gefunden?
- Abschließend werden die Ergebnisse präsentiert und diskutiert.

Tipp	Im Süßigkeiten-Regal jedes Supermarkts finden Sie genügend reale Beispiele.
Variante	Sie können mit den Schülern weitere Verkaufstricks diskutieren, z. B.: – Aufgeblähte Verpackungen täuschen ein größeres Volumen vor. – Das alte Produkt wird neu verpackt und dabei teurer. – Wenn das Produkt in mehreren Einzelportionen verpackt ist, erhöht sich meist der Preis gegenüber einer Gesamtpackung. – Preiswertere Produkte sind oft unten im Regal zu finden, teure liegen in Augenhöhe.

Die Lösungen finden Sie auf Seite 64.

Material

Jetzt 20 % mehr Inhalt!!!

Weichspüler „Samtweich"

500 ml für 2,95 €
600 ml für 3,84 €

EISZEIT!

**Vanilleeis
jetzt super günstig**

Packung 1 100 ml für 2,68 €

Diese Woche im Angebot:
Vanilleeis für nur 2,31 €
(955 ml Packung)

Nur für kurze Zeit!

Schokopudding
3 × 120 g Becher für 1,59 €

Im Doppelpack
6 × 105 g Becher für 2,94 €

Reihenfolge gesucht

Klasse	ab 9
Thema	Sinussatz
Vorbereitung	Kopien anfertigen und zerschneiden
Besonderer Nutzen	Leichter Zugang zum Beweis eines Satzes, Kontrolle des Beweisverständnisses, Anregung zum Argumentieren

Möglicher Ablauf

- Notieren Sie an der Tafel die Voraussetzungen und die Skizze eines spitzwinkligen Dreiecks *ABC* und verteilen Sie an die Schüler die ungeordneten Aussagen zum Beweis des Satzes. Beim ersten Gebrauch müssen die Kopien noch in Streifen geschnitten werden.
- In Partnerarbeit suchen die Schüler nach einer logischen Reihenfolge.
- Zwei Schüler stellen ihr Ergebnis vor, wobei ein Schüler die Aussagen vorträgt und begründet und der andere Schüler die Gleichungen an der Tafel notiert und die Skizze vervollständigt.
- Im weiteren Verlauf der Stunde kann der zweite Fall des stumpfwinkligen Dreiecks untersucht werden. Anhand einer abgeänderten Skizze tauschen die Schüler die Streifen aus, die verändert werden müssen und ergänzen die Aussagen.

Tipp	▪ Fertigen Sie die Kopien auf verschieden farbigem Papier an. So können heruntergefallene Teile schnell wieder eingeordnet werden.
Varianten	▪ Das Vorgehen kann sowohl für die Erarbeitung als auch für die Wiederholung des Satzes genutzt werden. ▪ Die Methode des logischen Ordnens eignet sich auch für Konstruktionsbeschreibungen und Rechenalgorithmen.

Material

Umgeformt ergibt sich $h_c = b \cdot \sin\alpha$.

Durch Gleichsetzen erhalten wir $b \cdot \sin\alpha = a \cdot \sin\beta$.

Wir zerlegen das Dreieck *ABC* durch die Höhe h_c in zwei rechtwinklige Teildreiecke *AHC* und *HBC*.

Die Umformung lautet $h_c = a \cdot \sin\beta$.

Im Dreieck *AHC* gilt $\sin\alpha = \frac{h_c}{b}$.

Wir erhalten die Gleichung $\frac{a}{\sin\alpha} = \frac{b}{\sin\beta}$.

Weiterhin gilt im Dreieck *HBC* $\sin\beta = \frac{h_c}{a}$.

Wir dividieren durch $\sin\alpha$ und $\sin\beta$.

Meinungsbild

Klasse	ab 8
Thema	Funktionale Zusammenhänge
Vorbereitung	Plakate beschriften und aufhängen, Klebepunkte besorgen
Besonderer Nutzen	Neugier wecken und Inhalte mitbestimmen, alle Schüler aktivieren

Möglicher Ablauf

- Zu Unterrichtsbeginn präsentieren Sie den Schülern 4 Plakate mit Alltagsproblemen aus dem Straßenverkehr, die Sie im Klassenzimmer an den Wänden verteilt haben.
- Jeder Schüler erhält 4 Klebepunkte.
- Die Schüler bewegen sich (ohne miteinander zu sprechen) durch den Raum und markieren mit den Klebepunkten ihre Schätzung für die Ergebnisse.
- Nach einer kurzen Bekanntgabe des Meinungsbilds bewegen sich die Schüler erneut durch den Raum und bleiben an dem Problem ihrer Wahl stehen.
- Nun teilen Sie die Interessenten in Gruppen von 3–5 Schülern ein und die Arbeit am Problem beginnt.
- Nach der Arbeitsphase, die auch in die nächste Stunde hineinreichen kann, werden die Ergebnisse präsentiert und mit dem Meinungsbild verglichen.

Tipps	▪ Sie können die Schüler damit motivieren, dass die Probleme aus dem Fahrschulunterricht stammen, den viele Schüler bald besuchen wollen. ▪ Der ADAC bietet für Schulen aufbereitetes Material zur Verkehrserziehung an.
Varianten	▪ Die Probleme sind zunächst relativ offen gehalten. Je nach Klassensituation sollten Sie Präzisierungen vornehmen (Fragen, vereinfachte Annahmen oder die Vorgabe von Gleichungen). ▪ Das Thema bietet verschiedene Möglichkeiten zum fächerverbindenden Arbeiten von Mathematik (Funktionen), Physik (Bewegungsvorgänge) und Verkehrserziehung.

Die Lösungen finden Sie auf Seite 64.

Material

Problem 1

In der Fahrschule werden Faustregeln vermittelt, mit denen du die Angemessenheit deiner Geschwindigkeit im Straßenverkehr abschätzen kannst. Welche Regel kannst du erklären?

a) Sicherheitsabstand ≙ halber Tachostand

b) Bremsweg ≙ $(\text{Tachoanzeige} : 10)^2$

c) Sicherheitsabstand ≙ 2-Sekunden-Abstand

Problem 2

Ein Pkw fährt auf der Autobahn mit $160\,\frac{\text{km}}{\text{h}}$, als der Fahrer in 150 m Entfernung das Ende eines Staus erkennt. Er hat eine Reaktionszeit von 1 s. Nach welcher Strecke kommt er zum Stehen, wenn sein Fahrzeug eine Bremsverzögerung von $-8\,\frac{\text{m}}{\text{s}^2}$ hat?

a) 30 m

b) 100 m

c) 170 m

Problem 3

Ein Motoradfahrer schleudert bei einem Unfall mit einer Geschwindigkeit von $70\,\frac{\text{km}}{\text{h}}$ gegen einen Baum. Um die Wucht des Aufpralls zu verdeutlichen, vergleichen wir ihn mit einem frei fallenden Körper. Aus welcher Höhe müsste der Körper etwa fallen, um mit derselben Geschwindigkeit unten anzukommen?

a) aus dem 2. Stock eines Wohnhauses

b) aus der Höhe von ca. 20 m

c) vom 5 Meter Turm ins Schwimmbad ohne Wasser

Problem 4

Ein Lkw fährt mit einer Geschwindigkeit von $80\,\frac{\text{km}}{\text{h}}$ auf der Autobahn. Ein zweiter Lkw setzt mit $83\,\frac{\text{km}}{\text{h}}$ zum Überholen an. Wie lange wird der Überholvorgang etwa dauern?

a) Eine halbe Minute

b) 90 Sekunden

c) 5 Minuten

Schwarzer Sack 2

Klasse	5–8
Thema	Geometrische Körper
Vorbereitung	Einen undurchsichtigen Beutel mit Körpermodellen füllen
Besonderer Nutzen	Beschreiben von Eigenschaften geometrischer Objekte mittels Fachsprache und unter Einsatz des Tastsinns

Möglicher Ablauf

- Füllen Sie etwa 8 bis 10 Modelle geometrischer Körper, z. B. verschiedene Pyramiden, Prismen, Zylinder, Kegel, Kugel in einen undurchsichtigen Beutel. Es können auch Pyramidenstümpfe, Halbkugeln oder Hohlzylinder dabei sein.
- Fordern Sie einen Schüler auf, einen Körper zu ertasten, ohne ihn aus dem Beutel zu nehmen.
- Der Schüler beschreibt den Körper nun mithilfe der Seitenflächen, Ecken und Kanten möglichst eindeutig, ohne ihn zu benennen.
- Die Mitschüler raten, um welchen Körper es sich handelt.
- Ein Schüler, der richtig geraten hat, stellt den nächsten Körper vor.
- Nachdem Sie mit dieser Übung die Körpereigenschaften wiederholt haben, können Sie Berechnungen zum Oberflächeninhalt und Volumen einfacher oder zusammengesetzter Körper anschließen.

Variante	Steht genügend Material zur Verfügung, kann das Spiel auch in Gruppen stattfinden, um viele Schüler zu aktivieren.

Tabu

Klasse	5–8
Thema	Lagebeziehungen geometrischer Objekte
Vorbereitung	—
Besonderer Nutzen	Schulung der Fachsprache

Möglicher Ablauf

- Wiederholen Sie wichtige Fachbegriffe am Stundenbeginn mit einem kurzen Ratespiel.
- Ein Schüler tritt vor die Klasse. Sie schreiben einen mathematischen Begriff auf einen Zettel, den nur dieser Schüler sieht und geben der Klasse eine kleine Orientierung.
- Der Schüler umschreibt den Begriff geeignet. Die Mitschüler versuchen ihn zu erraten.
- Wer als erster richtig rät, darf den nächsten Begriff beschreiben.

Beispiele:

Wir suchen eine Eigenschaft geometrischer Objekte:
- parallel
- senkrecht
- symmetrisch

Wir suchen ein geometrisches Objekt:
- Strecke
- Strahl
- Gerade
- Kreis

Wir suchen einen zusammengesetzten Begriff zum Thema Winkel:
- stumpfer Winkel,
- Nebenwinkel
- Winkelsumme

Tipps	■ In der Klasse 5 ist zunächst nur der Ratebegriff tabu, d. h. er darf nicht einzeln oder in Kombination genannt werden, z. B. Winkelsumme, Summe, Winkel. ■ In höheren Klassen können zusätzlich 2–3 Worte auf die Tabuliste gesetzt werden, die nicht in der Erklärung vorkommen dürfen, z. B. bei Peripheriewinkel: Kreis, Scheitelpunkt, Umfang.
Variante	■ Lassen Sie die Schüler selbst Begriffe aus dem Lernbereich heraussuchen und das Ratespiel anschließend in Partnerarbeit durchführen.

Konzentrationsübung

Klasse	5–7
Thema	Hilfsmittelfreies Rechnen
Vorbereitung	Zahlenmuster kopieren
Besonderer Nutzen	Schüler finden zu Ruhe und Konzentration und wiederholen zugleich Grundwissen

Möglicher Ablauf

- Motivieren Sie die Klasse zunächst, die folgende Stillarbeit bewusst zu nutzen, um sich auf das Unterrichtsgeschehen zu konzentrieren. Dies kann z. B. nach einer lebhafteren Pause oder Stunde nützlich sein.
- Ehrliches Arbeiten ist dabei gefragt. Wer ist der/die Schnellste?
- Jeder Schüler erhält eine Kopie der Konzentrationsübung (S. 61). Die Aufgabe wird erst gestellt, wenn alle Schüler bereit sind.
- Pro Unterrichtsstunde sollte nur eine Aufgabe bearbeitet werden, im Verlaufe der Woche die anderen.
- Kontrollieren Sie die Aufgaben 2, 3 und 4 durch Vorlesen.

Tipp

- Vielleicht haben die Schüler auch Freude daran, selbst geometrische Muster zu entwerfen. Ein mathematisch sonst weniger interessierter Schüler könnte sich hier angesprochen fühlen und einen Einstieg vorbereiten.

Material

Aufgabe 1

Suche nacheinander alle Zahlen von 1 bis 55 heraus.

Aufgabe 2

Suche nacheinander alle Primzahlen bis 55 heraus und notiere sie.

Aufgabe 3

Suche nacheinander alle Quadratzahlen bis 55 heraus und notiere sie.

Aufgabe 4

Suche nacheinander alle Zahlen heraus die durch 7 oder 8 teilbar sind und notiere sie.

Name: Klasse: Datum:

Konzentrationsübung

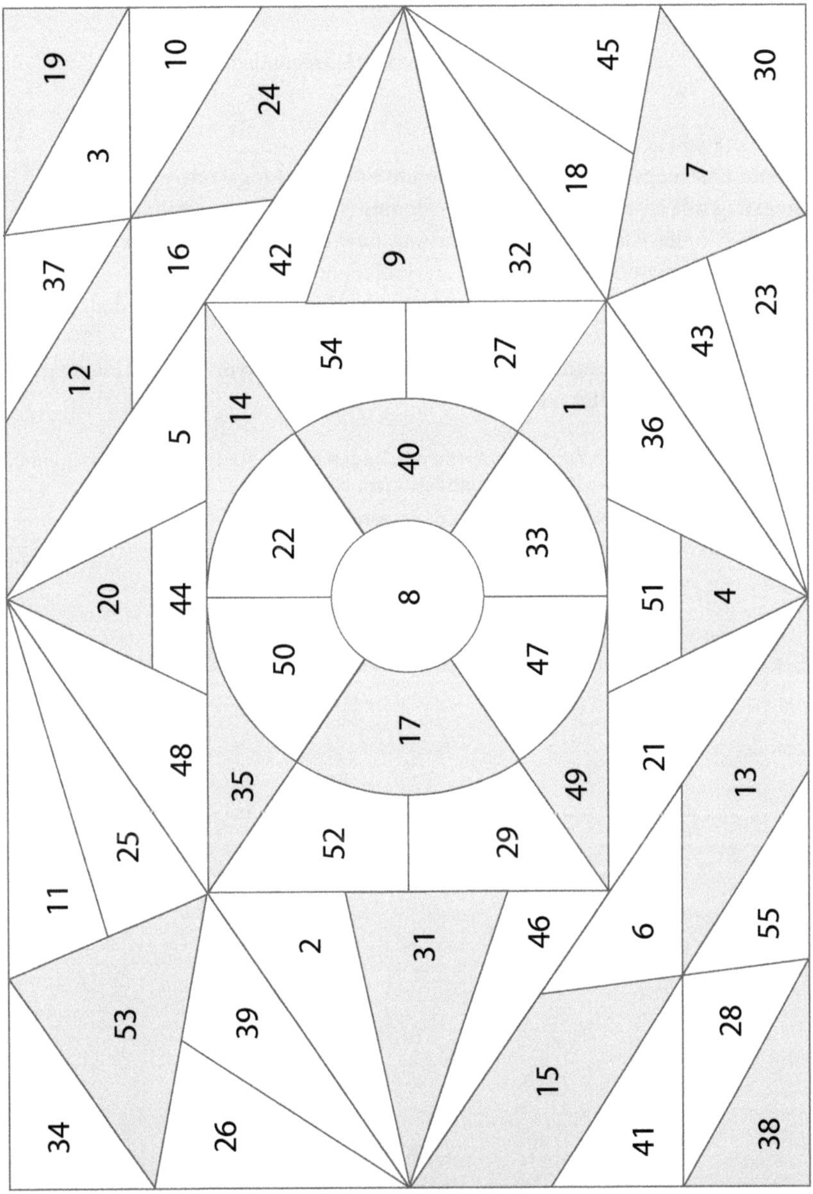

Entspannungsübung

Klasse	5/6
Thema	Phantasiereise (stoffunabhängig)
Vorbereitung	—
Besonderer Nutzen	Schüler finden zu innerer Ruhe und Entspannung

Möglicher Ablauf

- Nach einer anstrengenden Unterrichtsstunde oder Leistungskontrolle kann der Unterrichtseinstieg mit einer der folgenden Entspannungsübungen gestaltet werden.
- Motivieren Sie die Klasse, die Entspannung bewusst körperlich wahrzunehmen, alle Gespräche einzustellen und die Augen zu schließen.
- Die Schüler finden sich zu Paaren oder im Kreis zusammen und malen dem Partner die Geschichte auf den Rücken, die Sie vorlesen.
- Tragen Sie den Text langsam und mit gedämpfter Stimme vor und schmücken Sie ihn nach Ihrer Phantasie weiter aus.

Tipp	Schüler, die keinen Zugang zu solchen Übungen finden, sollten Sie nicht überreden. Sie könnten zu der Geschichte ein Bild zeichnen.
Variante	Anstelle einer Geschichte kann auch Entspannungsmusik laufen. Die Schüler führen dann mit Igelbällen eine Rückenmassage durch.

Material

Text 1: Pizzabacken

- Wir wollen eine Pizza backen. Zunächst mischen wir alle Zutaten zu einem Teig und **kneten** ihn kräftig durch.
- Jetzt **rollen** wir den Teig aus und **streuen** etwas Mehl darüber, formen eine **runde Pizza** und **streichen** sie schön glatt.
- Nun kommt der Belag. Wir **legen** Tomaten- und Salamischeiben auf den Teig und **streuen** viel Käse darüber.
- Wir backen die Pizza nun im Ofen. (Reibt eure Hände kräftig aneinander und legt sie dem Partner flach auf den Rücken. Spürt ihr die **Wärme?** Reibt noch einmal kräftig eure Hände.)
- Jetzt ist die Pizza fertig. Wir **teilen** sie in Viertel. Guten Appetit.

Text 2: Es schneit

- Es ist Sonntagmorgen und ich liege noch im Bett.
- Draußen **schweben** sanft die ersten Schneeflocken herab.
- Ich **räkle** mich ein wenig und das Schneetreiben wird **immer dichter.**
- Im Halbschlaf stelle ich mir vor, dass ich heute einen großen Schneemann bauen werde. Zuerst eine **große Kugel** für den Bauch.
- Nun der Kopf. Auf den Kopf setze ich einen alten **Henkeltopf** als Hut.
- Ich suche fünf Kiefernzapfen, zwei für die **Augen** und drei stecke ich als **Knöpfe** in den Bauch. Zum Schluss noch die **Möhrennase.**
- Langsam wird es kalt. Ich gehe wieder ins Haus und setze mich an den Ofen (Reibt eure Hände kräftig aneinander und legt sie dem Partner flach auf den Rücken. Spürt ihr die **Wärme?** Reibt noch einmal kräftig eure Hände.)
- Der Schneemann schaut lustig durchs Fenster. Doch da **wache ich auf** und höre jemanden rufen: „ Das Frühstück ist fertig."

Text 3: Sommertag

- Endlich Ferien. Heute fahren wir an einen See ins Grüne.
- Wir **rollen** die Decke aus und **streichen** sie glatt.
- Ich lege mich auf den Rücken und beobachte die Form der Wolken. Manche sehen aus wie kleine **Schafe** oder Zuckerwatte, andere wie **Federn.** Dort hinten ballt sich eine **Gewitterwolke** zusammen, aber sie **zieht vorbei.**
- Nur der Wind **streicht** mir über den Körper und ein paar kleine **Regentropfen fallen.** Man spürt sie kaum.
- Jetzt kommt wieder die Sonne heraus und wärmt mich kräftig durch. (Reibt eure Hände kräftig aneinander und legt sie dem Partner flach auf den Rücken. Spürt ihr die **Wärme?** Reibt noch einmal kräftig eure Hände.)
- Eine **Fliege krabbelt** über meinen Körper. Und jetzt rufen meine Freunde: „Los du Faulpelz, komm mit. Wir gehen baden."

Lösungen ausgewählter Aufgaben

Lösung Kreuzzahlrätsel 1, Seite 27

A 2	8		B 1	6
5		C 3	2	
D 6	E 3		F 8	G 1
	H 2	7		0
I 6	4		K 9	1

Lösung Kopfgeometrie 1, Seite 33

A: unten 2	B: unten 2	C: unten 5
hinten 1	hinten 4	hinten 4
links 4	links 5	links 3

Lösung Kopfgeometrie 1, Seite 34

A: Kippen nach vorn, Kippen nach rechts
B: zweimal Kippen nach vorn
C: nicht lösbar

Lösung Schwarzes Schaf, Seite 44/45 in der Reihenfolge der Aufgaben

- C ist keine Funktion.
- Der Graph von g ist in y-Richtung verschoben.
- Die Nullstelle bezeichnet nur die x-Koordinate.
- n ist monoton fallend.
- Quadrant ist eine Bezeichnung im Koordinatensystem.
- $\sqrt[3]{-8}$ ist nicht definiert.
- $\log_{10} 0{,}1$ ist negativ.

Lösung Platzdeckchen, Seite 47

Textvorschlag für das ovale Feld in der Mitte:

- Begriff „Zufallsgröße", „Wert einer „Zufallsgröße"
- Berechnung des Erwartungswerts $E(X) = p_1 x_1 + p_2 x_2 + \ldots p_k x_k$
- Unterschiede und Gemeinsamkeiten zum arithmetischen Mittel
- Fairness eines Spiels beurteilen; $E(X) = 0$

Lösung Gutachten, Seite 53 in der Reihenfolge der Aufgaben

- Beim Kauf von 500 ml kosten 100 ml 0,59 €. Bei 20 % mehr Inhalt kosten 100 ml jedoch 0,64 €, was einer Preissteigerung von 8 % entspricht.
- Beide Packungen haben einen Grundpreis von 0,24 € pro 100 ml.
- Der Preis pro Becher sinkt von 0,53 € auf 0,49 €. Allerdings steigt der Grundpreis von 0,44 € auf 0,47 € pro 100 g.

Lösung Meinungsbild, Seite 57

Problem 1: Individuelle Lösung

Problem 2: $S_{Anhalten} = S_{Reaktion} + S_{Bremsen} \approx 44{,}4\,\text{m} + 123{,}5\,\text{m} = 170\,\text{m}$

Problem 3: $s = \frac{v^2}{2g} \approx 19\,\text{m}$

Problem 4: Annahme Länge Lkw 18 m, Sicherheitsabstand 20 m → $t \approx 90\,\text{s}$